LE PLUS BEAU DES ALPHABETS.

LEBRUN ET Cie, ÉDITEURS, 8, RUE DES SAINTS-PÈRES.

LE PLUS BEAU DES ALPHABETS.

LEBRUN ET Cie, ÉDITEURS, 8, RUE DES SAINTS-PÈRES.

1862

Simplifier l'enseignement de la lecture, c'est la pensée qui a présidé à l'exécution de ce nouvel alphabet. Toutes les voyelles et consonnes résumées en une seule page; leur application graduelle immédiate en syllabes et en mots; des lectures dans lesquelles, au moyen de la prononciation figurée, l'enfant puisse se familiariser, sans peine ni fatigue, avec les différences qui existent entre la langue écrite et la langue parlée: tels sont les moyens mis en œuvre pour atteindre à notre but.

Nous avons accompagné le texte de belles et nombreuses gravures, lettres et ornements, sujets d'histoire naturelle, scènes enfantines, exécutées avec art par les premiers artistes. Elles serviront à récréer les yeux des enfants, en même temps qu'à développer leur goût vers le beau.

La conception de ce LIVRE D'OR DES PETITS ENFANTS est une œuvre bien modeste, sans doute, mais qui ne sera pas sans mérite, si elle contribue à épargner des pleurs à l'enfance et à faciliter la tâche de l'instituteur et de la mère de famille.

H. L.

A LA MÊME LIBRAIRIE :

BIBLE EN IMAGES

LECTURES POUR L'ENFANCE

Volume in-8° (format de l'alphabet), orné d'environ 400 gravures.

Cartonné : 1 franc 50 cent.

ALPHABET.

[Les lettres ou signes de l'alphabet sont au nombre de 25 ; elles se divisent en deux espèces : les voyelles et les consonnes].

Lettres ou signes de l'alphabet.

a b c d e f g h
i j k l m n o p
q r s t u v x y z

Lettres voyelles.

a e i o u y

Lettres consonnes.

b c d f g h j k
l m n p q r s t
v x z

Voyelles ou Sons.

[Les lettres voyelles sont ainsi nommées parce qu'elles représentent des voix, des sons. Les voyelles sont simples ou composées : simples, lorsqu'à la prononciation elles ne rendent qu'un son ; composées, lorsqu'elles produisent simultanément deux sons différents.]

Voyelles ou Sons simples.

a e é è o u y
â ê î ô û
eu ou oi an
in on un

Voyelles ou Sons équivalents.

ei ey ai comme è
au eau comme ô — œu comme eu
aim ain ein yn comme in
em en comme an — eun comme un

Voyelles composées ou diphthongues.

ia ya ié iè io yo iai iau
iei ieu yeu iou ian ien ion
oué oui ui uin oin

Lettres consonnes ou articulations.

[Les consonnes n'ont pas de son par elles-mêmes; elles ne se prononcent ou ne s'articulent qu'au moyen des voyelles, et pour en modifier l'intonation. Les consonnes sont simples ou composées : simples, lorsque la prononciation n'exige qu'une seule impulsion de l'air, une seule émission de voix, *b*ᵉ; composées, lorsqu'elle exige une double impulsion, une double émission de voix, *b*ᵉ*l*ᵉ, *b'l*.']

Consonnes simples.

bᵉ cᵉ dᵉ fᵉ gᵉ hᵉ jᵉ kᵉ lᵉ mᵉ
nᵉ pᵉ qᵉ rᵉ sᵉ tᵉ vᵉ xᵉ zᵉ
chᵉ gnᵉ ilᵉ illᵉ

Consonnes équivalentes simples.

C comme Sᵉ devant e, i, y. — Ç comme Sᵉ devant a, o, u.

g comme jᵉ devant e, i, y. — S comme Zᵉ entre 2 voyelles.

t comme S devant ieu, ion, ial. — ge comme jᵉ

gu comme gᵉ — ph comme fᵉ — qu comme cᵉ

Consonnes composées.

blᵉ brᵉ clᵉ crᵉ drᵉ flᵉ frᵉ glᵉ grᵉ mnᵉ
plᵉ prᵉ psᵉ scᵉ smᵉ spᵉ stᵉ svᵉ trᵉ vrᵉ
ctᵉ ncᵉ rcᵉ rfᵉ rsᵉ
chlᵉ chrᵉ phlᵉ phrᵉ phthᵉ scrᵉ
sphᵉ splᵉ sthᵉ squᵉ strᵉ

Syllabes et mots.

[Les voyelles ou sons et les articulations ou consonnes sont les éléments des mots parlés. La réunion d'une voyelle et d'une consonne forme un son articulé, ou syllabe; une ou plusieurs syllabes forment un mot; plusieurs mots réunis forment une phrase.]

va-se te-nu dé-fi mè-re ro-se
fu-té ly-re pâ-té fê-te dî-me
tô-le mû-re jeu-di pou-le boi-re
tan-te din-de on-de lun-di

rei-ne dey ai-de au-be beau-té bœuf daim de-main feinte
syn-ta-xe em-pi-re ten-te à jeun

dia-ble yack lié fiè-re fio-le yo-le
biais miau-le vieil-le lieu yeux
iour-te vian-de fien-te lion loué
foui-ne lui juin loin

ba-la-de ca-ro-te di-vi-ni-té ga-lo-pa-de fê-ve hi-la-ri-té je-té
ka-li-fe li-bé-ra-li-té ma-tin no-ta-bi-li-té py-ra-mi-de qua-li-té
ra-re-té sy-no-ny-me ti-mi-di-té
vé-ri-té ta-xé zi-be-li-ne cha-ri-té
i-gno-ran-ce tra-vail paill-e

ce-ci fa-ça-de ré-gi-me po-se

po-tion pi-geon gué-ri-te pha-re qua-li-té cé-ci-té

ab-so-lu oc-ta-vo ad-mi-re of-fi-ce dog-me il im-men-se in-né or-ga-ne os-té-o-lo-gie ap-ti-tu-de ur-ba-ni-té es-ti-me or-me ir-ré-gu-la-ri-té

bal-con cas-tor dur-cir fer-me gour-de har-di jar-din ker-mès lar-me mor-tel nour-ri-ce par-don que-rel-le res-pect sar-di-ne tour-ne vas-te e-xer-ci-ce a-zur char-bon si-gnal phos-pho-re

bleu bra-vou-re clô-tu-re croi-sée dra-gon flam-me frai-se gloi-re gri-ve mné-mo-ni-que plan-che priè-re psau-me scan-da-le Smyr-ne spec-tre sta-tion svel-te trai-neau vril-le

ex-act onc-tion turc mars cerf

chla-my-de chré-tien phleg-ma-sie phra-se phthi-sie scru-pu-le sphè-re splen-deur asth-me squa-re stran-gu-la-tion

Alphabets divers.

(On se sert, pour l'impression des livres, de caractères ou lettres de diverses formes. Les lettres *romaines* sont généralement employées ; les *italiques* ne s'en distinguent guère que par leur inclinaison de droite à gauche ; les *anglaises* imitent fidèlement l'écriture dite anglaise ; les *gothiques* sont remarquables par leur forme anguleuse et compliquée.)

Romaines.		Italiques.		Anglaises.		Gothiques.	
a	A	*a*	*A*	*a*	*A*	a	A
b	B	*b*	*B*	*b*	*B*	b	B
c	C	*c*	*C*	*c*	*C*	c	C
d	D	*d*	*D*	*d*	*D*	d	D
e	E	*e*	*E*	*e*	*E*	e	E
f	F	*f*	*F*	*f*	*F*	f	F
g	G	*g*	*G*	*g*	*G*	g	G
h	H	*h*	*H*	*h*	*H*	h	H
i	I	*i*	*I*	*i*	*I*	i	I
j	J	*j*	*J*	*j*	*J*	j	J
k	K	*k*	*K*	*k*	*K*	k	K

Romaines.		Italiques.		Anglaises.		Gothiques.	
l	L	*l*	*L*	*l*	*L*	l	L
m	M	*m*	*M*	*m*	*M*	m	M
n	N	*n*	*N*	*n*	*N*	n	N
o	O	*o*	*O*	*o*	*O*	o	O
p	P	*p*	*P*	*p*	*P*	p	P
q	Q	*q*	*Q*	*q*	*Q*	q	Q
r	R	*r*	*R*	*r*	*R*	r	R
s	S	*s*	*S*	*s*	*S*	s	S
t	T	*t*	*T*	*t*	*T*	t	T
u	U	*u*	*U*	*u*	*U*	u	U
v	V	*v*	*V*	*v*	*V*	v	V
x	X	*x*	*X*	*x*	*X*	x	X
y	Y	*y*	*Y*	*y*	*Y*	y	Y
z	Z	*z*	*Z*	*z*	*Z*	z	Z

EXCEPTIONS ET DIFFICULTÉS.

[Nous avons déjà donné les leçons et les exemples de lettres et de consonnes dont la prononciation est la même, alors que la forme diffère. Pour ne pas nous écarter de l'usage suivi généralement, nous donnons ici de nouveaux exemples de ces contradictions si fréquentes entre la langue écrite et la langue parlée; mais, à notre avis, c'est la pratique, secondée par l'expérience des parents et du maître, qui, seule, parviendra à fixer dans la mémoire des enfants toutes ces exceptions et difficultés, que repousse la justesse naturelle de leur esprit.]

SONS. es comme è dans les mots d'une syllabe : **les**, *lè*. — **e** suivi de deux consonnes comme è : **ves-te**, *vès-te*. — **et** Final comme è : **ca-det**, *ca-dè*. — **ez, ai** à la fin des mots comme é : **ve-nez, j'i-rai**; *ve-né, j'i-ré*. — **er** final généralement comme é : **clo-cher**, *clo-ché*; et quelquefois comme èr : **a-mer**, *a-mèr*. — **am, om, im, um** comme **an, on, in, un** : **jam-be, om-bre, sim-ple, hum-ble**; *jan-be, on-bre, sin-ple, hun-ble*. — **Am, om, im, an, on, in** suivis de **m** ou **n** gardent le son propre à la voyelle : **flam-me, pom-me, im-mense, can-ne, son-ne, in-né, am-nis-tie**; *fla-me, po-me, i-mmen-se, ca-ne, so-ne, i-nné, a-mnis-tie*. — **em, en** comme **a** dans **fem-me, en-no-blir** : *fa-me, a-no-blir*; — **en** suivi de **ne** comme **ène** : **en-ne-mi**, *ène-ne-mi*. — **en** comme **in** après **i** et après **e** : **bien, ly-cé-en**; *bi-in, ly-cé-in*. — **ent** dans le pluriel des verbes comme **e** : **ils don-nent**, *ils do-ne*. — **u** parfois comme **ou** : **qua-dru-pe-de**, *goua-dru-pède*. — **y** entre deux voyelles comme deux **i** : **noy-au**, *noi-iau*. — **ï, ë, ü** avec tréma gardent leur son : **ha-ïr, ci-guë, saül**; *ha-ir, ci-gu-e, sa-ul*. — **e** précédé d'une voyelle est nul à la fin d'une syllabe : **de-voue-ment, pa-trie**; *de-vou-ment, pa-tri*.

CONSONNES. Redoublées, se prononcent simples : **bon-ne, bel-le** : *bo-ne, bè-le*. — Finales, ne se prononcent pas : **pot**, *po*. Sont exceptées : **l, r** : **fil, pour**; *fil^e, pour^e*. — Finales, forment liaison quand le mot suivant commence par une voyelle : **pot au lait**, *po-tau-lait*. — **h** est nulle : **heu-re**, *eure*.

MOTS IRRÉGULIERS : **œil**, *euil*; **or-gueil**, *or-geuil*; **pays**, *pai-is*; **j'eus, tu eus**, *j'us, tu us*; **faon**, *fan*; **taon**, *ton*; **toast**, *tost*; **aout**, *out*; **oi-gnon**, *o-gnon*; **ai-guil-le**, *aig-uil-le*; **é-qui-ta-tion**, *éq-ui-ta-cion*; **clef**, *clé*; **chef**, *chè-fe*; **men-tor**, *min-tor*; **pen-sum**, *pin-so-me*; **a-men**, *a-mè-ne*; **hy-men**, *y-mè-ne*; **moel-le**, *moi-le*; **œ-di-pe**, *é-di-pe*; **cha-os**, *ca-os*; **cho-lé-ra**, *co-lé-ra*; **e-xil**, *é-gzil*; **six**, *sis*; **si-xiè-me**, *si-zié-me*.

[Nous nous bornons à ces exemples. La prononciation figurée dans les exercices de lecture qui vont suivre, l'indication en *caractère italique* des lettres nulles dans la langue parlée, surtout les explications données verbalement à l'élève, achèveront l'œuvre commencée.]

L'A-ne e*st* o-ri-gi-n ai-re
 è   -to   è
de*s* cli-ma*ts* ch au *ds* de
 è   ô
l'A-sie e*t* de l'A-fri- qu*e*.
         è   c
Il a p e r-du, dan*s* l'é-ta*t*
             é
de domesticité, la force et la beauté qu'il a reçues primitivement du Créateur; mais sa patience, sa résignation au travail font oublier sa laideur proverbiale.

B La ra-ce du bœuf ex-is-
        s   eu   é gz
te dans tou-tes les par-ties
            è
du glo-be, va-riant de forme, se-lon le cli-mat, mais
gardant ce caractère d'utilité qui fait que le Bœuf est devenu presque une des conditions essentielles de l'existence de l'homme, comme la vigne et le blé.

Le Che-val e*st*, de tous
  è

le *s* a-ni-m au *x*, ce-lui
 è -za   ô

qui, a-vec une gran-de
 c   è

ta ill- e, a le plus de pro-
   ill

portion et d'élégance dans les parties de
son corps; sa noble attitude, ses yeux vifs
et ouverts, la crinière qui orne son cou,
lui donnent un air de force et de fierté.

D La pa-trie du Dro-ma-d ai-
                                                è
re pa-ra î *t* ê-tre l'A-ra-bi*e*.
            è   -tê
C'e*st* la mon-tu-re de*s*
    è   è
dé-*s*e*rts* se c*s* e *t* a-ri-des
  z è   è   è

de ces contrées. L'Arabe le considère avec le chameau, dont il ne diffère que par son unique bosse, comme un présent du ciel, comme un animal sacré.

E L'É-lé-phan*t* se dis-tin-gue sur-tout des au-tres
       g   è -zô
qua-dru-pè-des par sa
c ou
trom-pe. Il peu*t* à vo-lon-
on   -ta
té l'allonger, la raccourcir, la courber et la tourner en tous sens. Elle se termine par un rebord avec lequel il saisit les objets qu'il veut lancer ou amener à lui.

Les Fau-cons sont de tous
  è   ô

les oi-seaux de proie les
è -zoi z ô

plus é-lé-gants de for-me,

les plus cou-ra-geux et
è   j

les plus agiles. Leur vol est rapide et sou-tenu. Tournoyant dans les cieux à une hauteur immense, ils fondent sur leur proie comme la foudre.

G La Gi-ra-fe, un des plus beaux pro-duits de la cré-a-tion, ne se trou-ve que dans l'in-té-rieur de l'A-fri-que. Bien que connue dans la plus haute antiquité, on ne sait presque rien de ses mœurs à l'état sauvage. Sa douceur dans la captivité annonce des habitudes paisibles.

H L'*H*ip-po-po-ta me, ain-si nom-mé de deux mots grecs qui si-gni-fient che-val de ri-viè-re, vit dans la fange sur les bords des fleuves de l'Afrique. Il nage plus vite qu'il ne court ; il se plaît dans l'eau, et y séjourne aussi volontiers que sur la terre.

L'Ich-neu-mon, ou Man-gous-te d'É-gyp te, e*st* cé-lè-bre sou*s* le n om de Ra*t* de Ph a-ra-on. C'e*st* un jo-li pe-ti*t* a-ni-mal qu i rend un grand service aux habitants de l'É-gypte, en cherchant et déterrant les œufs des crocodiles sur les bords du Nil pour les casser.

Le Ja-gu ar, ou Ti-gre d'A-mé-ri-que, est pres-que aus-si grand que le Ti-gre du Ben-gale, et vit de proie comme lui. Caché dans un fourré, ou dans de hautes herbes, il attend sa victime, se précipite sur elle, et lui crève les yeux pour la mettre hors de combat.

K Le Kan-gu-roo e*st* un a-ni-
          è   -tun
mal in-co*n*-nu à l'an-ci en
                     in
Con-ti-n en *t*; il e*st* u-ni-
      an   è -tu
qu e-m en *t* o-ri-gi-n ai re
 c   an -to   è

du nouveau monde, de la Nouvelle-Hollande. Il se tient ordinairement droit, appuyé sur sa queue, remarquable par son volume et son élasticité.

Le Lion, mal-gré sa for-ce pro-di-gieu-se, e*st* vi-ve-ment pour-sui-vi par un en-ne-mi cru-el, qui a déjà détruit une partie de sa race. Cet en-nemi, c'est l'homme, qui ose aller chercher le Lion jusque dans ses forêts et le braver jusque dans son repaire.

La Mar-te, plus gran-de et plus for-te que la be-let-te, est ce-pen-dant moins re-dou-tée dans les fermes. Son naturel farouche et sauvage la retient dans les bois, dont elle sort rarement. Elle vit de chasse et détruit une grande quantité d'oiseaux.

Le Nil-gau*t*, o-ri-gi-n ai-
re de l'In-de, e*t* don*t* le
n om si-gni-fi*e* tau-r eau
bleu, tien*t* du cerf par le
cou et la tête, et du bœuf par les cornes et la queue. Il est très-doux de sa nature, sensible aux caresses, et lèche la main qui le flatte, ou qui lui présente du pain.

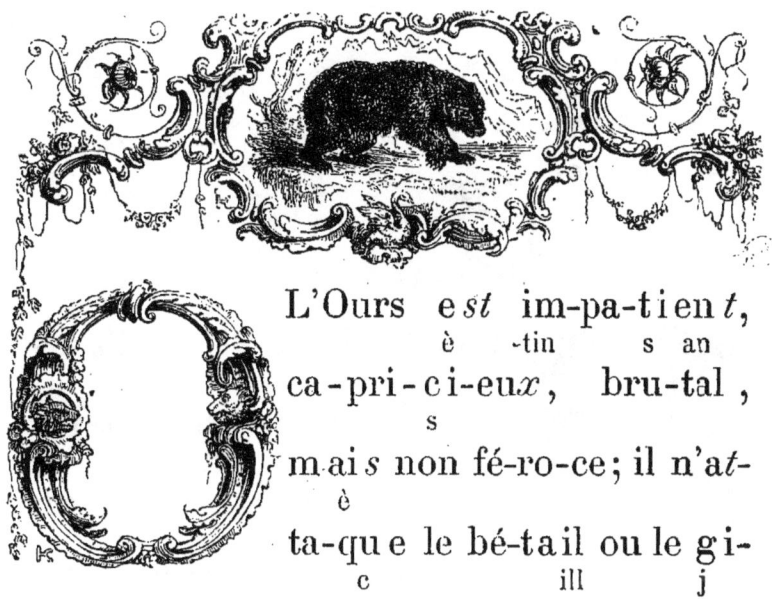

L'Ours e*st* im-pa-ti en *t*,
è   -tin   s an
ca - pri - c i - eu*x* , bru-tal ,
s
m ai *s* non fé-ro-ce ; il n'at-
è
ta-qu e le bé-ta il ou le gi-
c   ill   j
bier, que quand il y est poussé par la faim. Il aime le miel avec une sorte de fureur, et grimpe sur les arbres pour détruire les ruches et dévorer le miel.

Le Pé-li-can a la par-tie in-fé-rieu-re du bec pour-vue d'u-ne po-che ex-t en-si-ble dans la-quel-le il dé-pose le produit de sa pêche, et d'où il le retire pour le donner à ses petits. De là, la fable qui fait du Pélican l'emblème, le symbole de l'amour paternel.

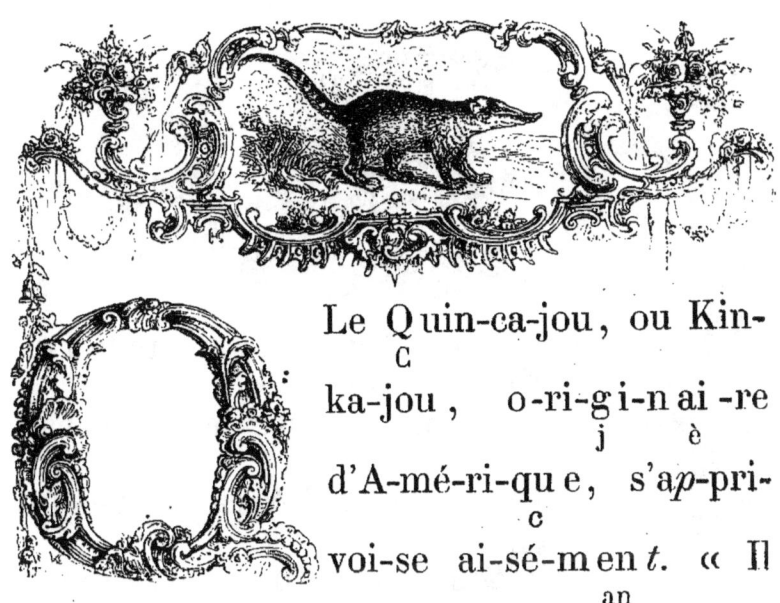

Le Q uin-ca-jou, ou Kin-
ka-jou, o-ri-g i-n ai -re
d'A-mé-ri-qu e, s'a p-pri-
voi-se ai-sé-m en t. « Il
venait me caresser si doucement et jouer au-
tour de moi avec tant de gaieté et de gentil-
lesse, écrivait-on à M. de Buffon, que je n'ai
jamais eu le courage de m'en séparer. »

Le Ren-ne e*st* pour le La-
pon ce que le cha-meau
e *st* pour l'A-ra-be, ce que
son*t* pour nous les bœufs,
les moutons, les chèvres et les chevaux.
C'est le cadeau le plus précieux que la Providence ait fait à ces contrées, perdues la moitié de l'année sous la neige.

Le San-gli-er e st un en-
        é è   -tun -nène
ne-mi re-dou-ta-ble pour

le chas-seur. U-ne bal-le

at-t ein t - e l-le l'in-tré-pi-
    in   -tèl
de animal, il distingue d'où lui vient la bles-sure, se retourne, renverse, déchire tout ce qu'il rencontre, pour se précipiter sur celui qui l'a frappé.

T Le Ta-pir e*st* de la gros-
seur d'un â-ne ; c'e*st* le
plu*s* gran*d* a-ni-mal de
l'A-mé-ri-qu*e* du Sud.

D'un caractère doux, timide et triste, il ne sort que la nuit des marais qui lui servent de retraite, pour aller se plonger dans l'eau, qu'il préfère à la terre.

U L'U-rus, ou Au-rochs, sor-te de bœuf sau-va-ge, com-mun au-tre-fois dans tou-te l'Eu-ro-pe, ne se trouve plus que dans quelques profondes forêts de la Lithuanie. D'un naturel farouche, indomptable, fuyant la présence de l'homme, sa race est menacée de périr.

Le Veau-Ma-rin, ou Pho-
que, tient du qua-dru-
pè-de et du pois-son. Sa
tê-te est ron-de, com-me
celle du chat; son cou est bien dessiné, et son corps s'allonge en queue, comme celui du poisson. Ses pieds, déprimés sous la peau, ont l'apparence de nageoires.

Le X y-lo-co-pe est un in-
　Gz i　　　　　è　　-tun-nin
sec-te de la fa-mil-le des
　è　　　　　　　ill　　è
Mel-li-fè-res (A-beil-les).
　è　　　　　　è　ill
Il creu-se dans le vieux
bois un canal dans lequel il dépose ses œufs;
de l'œuf éclot une larve; la larve se change
en chrysalide; de cette chrysalide sort l'in-
secte à l'état parfait.

Le Yack, ou bœuf à queue de che-val, est o-ri-gi-nai-re du Thi-bet. Les Kal-mouks, les Tartares et les Mongols nomades s'en servent comme bête de trait et de somme. Ils en possèdent de nombreux troupeaux qui constituent leur principale richesse.

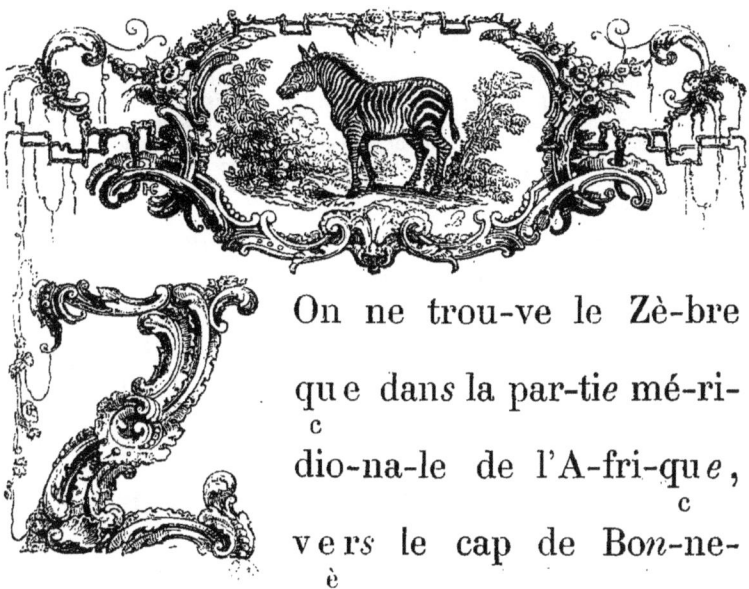

Z On ne trou-ve le Zè-bre que dans la par-tie mé-ri-dio-na-le de l'A-fri-que, vers le cap de Bon-ne-Espérance. Son caractère farouche, son humeur fière et taquine, ont rendu inutiles toutes les tentatives faites jusqu'à ce jour pour le réduire à la domesticité.

A NOS PETITS LECTEURS. Si vous avez suivi attentivement, chers enfants, les leçons et les exemples qui précèdent, vous avez acquis les connaissances nécessaires pour lire dans tous les livres. Que de belles choses vous allez pouvoir apprendre! Tenez, voici la première page d'un charmant petit livre, dont le sujet et les nombreuses gravures ne peuvent manquer de vous intéresser. Soyez sages, dociles, obéissants; aimez l'étude; et vos parents vous le donneront comme récompense.

BIBLE EN IMAGES.

Dieu dit ensuite : Faisons l'homme à notre image et à notre ressemblance, et qu'il do-

mine sur les 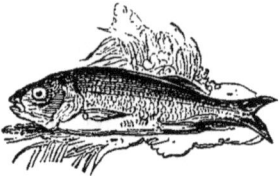 de la mer,

sur les  du ciel,

sur les  qui

demeurent sous le ciel et sur

tous les

Dieu dit ensuite : Faisons l'homme à notre image et à notre ressemblance, et qu'il domine sur les *poissons* de la mer, sur les *oiseaux* du ciel, sur les *animaux* qui demeurent sous le ciel et sur tous les *reptiles*.

Paris. — Imprimerie de Ad. R. Lainé, rue Jacob, 56.

Paris. — Imprimerie de Ad. R. Lainé et J. Havard, rue Jacob, 56.

www.ingramcontent.com/pod-product-compliance
Lightning Source LLC
Chambersburg PA
CBHW060956050426
42453CB00009B/1192